Eyasu Tigabu

Sensibilização dos produtores de leite para as zoonoses transmitidas pelo leite na região central da Etiópia

Eyasu Tigabu

Sensibilização dos produtores de leite para as zoonoses transmitidas pelo leite na região central da Etiópia

ScienciaScripts

Imprint

Cover image: www.ingimage.com

This book is a translation from the original published under ISBN 978-3-330-33326-0.

Publisher:
Sciencia Scripts
is a trademark of
Dodo Books Indian Ocean Ltd. and OmniScriptum S.R.L publishing group

120 High Road, East Finchley, London, N2 9ED, United Kingdom
Str. Armeneasca 28/1, office 1, Chisinau MD-2012, Republic of Moldova, Europe
Managing Directors: Ieva Konstantinova, Victoria Ursu
info@omniscriptum.com

Printed at: see last page
ISBN: 978-620-8-63168-0

Trabalho de investigação apresentado ao Instituto de Patobiologia Aklilu Lemma.

Apresentado de acordo com os requisitos para a conclusão do curso Estudo independente em doenças tropicais e infecciosas Programa de doutoramento

Universidade de Adis Abeba

Addis Ababa, Etiópia

Resumo

A Etiópia faz parte de um conjunto de países de baixo rendimento que se vêem frequentemente confrontados com grandes casos de doenças animais. Entre outros factores, a sensibilização do público tem uma influência importante no controlo das doenças zoonóticas. Foi realizado um inquérito por questionário sobre os conhecimentos, atitudes e práticas (CAP) dos inquiridos relativamente às zoonoses transmitidas pelo leite entre os produtores de leite (n=225). Os resultados mostraram que os inquiridos tinham conhecimento de zoonoses como a raiva (62,7%), a tuberculose (59,6%), o carbúnculo (57,3%), a salmonelose (53,3%), a ténia (47,6%) e a brucelose (22,2%). No entanto, o baixo nível de conhecimento de certos mecanismos de transmissão de doenças dos animais para os seres humanos, como ajudar as vacas a dar à luz (15,6%), abater animais (47,6%) e preparar as suas peles (36,9%), mostra que é necessário intervir através da sensibilização para os riscos potenciais das actividades mencionadas. A má atitude perante a possibilidade de contrair zoonoses a partir de bovinos/animais aparentemente saudáveis (18,7%) e a possibilidade de contaminar o leite de pessoas clinicamente assintomáticas (37,3%) são também questões que urge abordar. Verificou-se que o nível de escolaridade tem uma influência estatisticamente significativa nas atitudes dos inquiridos relativamente ao consumo de leite cru e ao risco potencial de zoonoses em bovinos/animais aparentemente saudáveis ($p<0,05$). Os programas de sensibilização e formação dos membros das cooperativas leiteiras sobre as zoonoses transmitidas pelo leite e os seus mecanismos de transmissão poderiam apoiar os esforços de controlo das zoonoses e, assim, reduzir o risco para a saúde pública das zoonoses transmitidas pelo leite na área de estudo.

CONHECIMENTO

Gostaria de estender os meus mais sinceros agradecimentos a todas as pessoas que me apoiaram com a sua maravilhosa orientação, cuidado e conhecimentos inestimáveis durante os meus estudos.

Estou muito grato a alguns membros da Selale Dairy Co-operative Union, incluindo Taddese Ketema e Hailu Taddese. Os membros da Selale Dairy Co-operative Union também merecem um grande reconhecimento.

Este projeto de investigação independente foi totalmente apoiado e financiado pelo Gabinete de Programas de Pós-Graduação da Universidade de Adis Abeba.

Resumo do conteúdo

LISTA DE ACRÓNIMOS E ABREVIATURAS

ALIPB	Aklilu Lemma Institute of Pathobiology
CIT	Comparative Intra-dermal Tuberculin Test
CMT	California Mastitis Test
DK	Do not know
FAO	Food and Agriculture
KAP	Knowledge Attitude Practice
OIE	Office International des Epizooties
US	United States
WHO	World Health Organization

Introdução

Doenças de origem alimentar

As doenças de origem alimentar são um problema generalizado de importância crescente para a saúde pública, tanto nos países desenvolvidos como nos países em desenvolvimento. Apesar de não dispormos de dados fiáveis, este problema tem um maior impacto na saúde e na economia dos países em desenvolvimento do que nos países desenvolvidos (OMS, 2007). De acordo com a Organização Mundial de Saúde (OMS, 2007), a incidência global de doenças de origem alimentar é difícil de estimar, mas foi relatado que 1,8 milhões de pessoas morreram de doenças diarreicas só em 2005. Uma grande parte destes casos deve-se à contaminação dos alimentos e da água potável. Nos países industrializados, estima-se que a percentagem da população que sofre anualmente de doenças de origem alimentar atinja os 30%. As doenças de origem alimentar parecem ter aumentado a nível mundial nos últimos anos. Este facto deve-se a mudanças dramáticas na produção animal, à industrialização da produção animal, particularmente no caso das aves de capoeira, à produção em massa na transformação e distribuição de alimentos, à globalização do comércio alimentar e ao número crescente de turistas em todo o mundo (Lindberg, 1999). Todos estes factores aumentaram a importância das doenças de origem alimentar.

Existe um consenso geral de que a maioria das doenças de origem alimentar poderia ser evitada se fossem seguidos princípios adequados de produção alimentar, desde a produção até ao consumo. Na prática, é impossível aos produtores fornecerem alimentos isentos de agentes patogénicos. Os consumidores são, por conseguinte, elos essenciais na cadeia de prevenção das doenças de origem alimentar. O público em geral deve saber como minimizar a presença de agentes patogénicos ou das suas toxinas nos alimentos. Os alimentos podem ser mal geridos em muitos locais durante a sua preparação, manuseamento e armazenamento, e os estudos mostram que os consumidores não estão suficientemente informados sobre as medidas a tomar para prevenir as doenças de origem alimentar em casa (Mederios et al., 2001). Os alimentos crus contaminados (incluindo o leite), a cozedura inadequada e o consumo de alimentos de fontes não seguras são os factores mais frequentemente associados a surtos de doenças de origem alimentar notificados em casa (Mederios et al., 2001).

A proporção de casos atribuíveis às práticas domésticas de preparação de alimentos pode estar sub-representada nas estatísticas de surtos devido a muitos factores (Day, 2001). No entanto, estudos têm demonstrado que entre 50% e 87% dos surtos de doenças transmitidas por alimentos são devidos a práticas domésticas (Redmond & Griffith, 2002). Os erros mais comuns incluem servir alimentos crus contaminados, cozedura/aquecimento insuficiente dos alimentos, manuseamento de alimentos por pessoas infectadas e falta de higiene (OMS, 1999). No entanto, sabe-se que algumas doenças domésticas de origem alimentar são causadas pelo consumo de alimentos crus de origem animal ou por práticas inseguras de preparação de alimentos em casa (Klontz et al., 1995).

Pensa-se que factores como os conhecimentos, atitudes e práticas (CAPs) de uma determinada comunidade desempenham um papel importante na ocorrência de doenças de origem alimentar, particularmente em relação aos manipuladores de alimentos. (Angelillo, et al., 2001; Patil, et al., 2005).

Qualquer doença infecciosa potencialmente transmissível ao homem por animais, selvagens ou domésticos, pode ser definida como uma infeção zoonótica (Coleman, 2002; OMS/FAO/OIE, 2004). Grande parte da morbilidade e mortalidade mundial por doenças infecciosas é atribuída a zoonoses, e é provável que as zoonoses de origem alimentar, em particular, continuem a ser um grande problema de saúde pública, uma vez que a nossa dependência de alimentos de origem animal, como a carne e o leite, como fonte de proteínas continua a aumentar (Merianos *et al.*, 2007; Murphy *et al.*, 2008). O aparecimento e reaparecimento de zoonoses e os seus efeitos potencialmente catastróficos para a saúde humana são uma preocupação crescente a nível mundial (Woolhouse & Gowtage-Sequeria, 2005). A importância destas infecções zoonóticas para a saúde pública representa uma grande ameaça para a saúde humana nos países em desenvolvimento. (Wastling *et al.,* 1999). Este estudo centrou-se no aspeto zoonótico das doenças de origem alimentar, com especial atenção para as doenças de origem láctea.

1.1. Zoonoses transmitidas pelo leite

O leite pode ser contaminado de várias formas. Mastite

Embora possam existir muitos outros micróbios, *o Staphylococcus aureus* continua a ser o agente patogénico mais comum da mastite, representando uma grande ameaça e um problema para a indústria leiteira em todo o mundo (Wallenberget al., 2002). Por exemplo, D'Amico et al (2008) e Houser et al (2008) relataram taxas de isolamento *de S. aureus* de 27,4% e 42%, respetivamente, em relação à mastite por leite cru nos EUA. A mastite, frequentemente na forma subclínica, é também uma ocorrência comum na Etiópia, mas tem recebido menos atenção. Até agora, a luta contra a mastite tem-se concentrado apenas no tratamento da forma clínica da doença (Girma, 2001). Abera et al (2010) registaram taxas de prevalência *de S. aureus* de 33,3% e 44,5%, respetivamente, na mastite clínica e subclínica em vacas na cidade de Adama e arredores, na Etiópia. Na Etiópia, a mastite subclínica é principalmente causada por *S. aureus*, de acordo com relatórios de alguns investigadores (Mekonnen et al., 2005; Sori et al., 2005). Num estudo efectuado na região norte de Showa-Selale, de 153 vacas em lactação aparentemente saudáveis, 137 (89,5%) testaram positivo para CMT (California Mastitis Test), das quais 122 foram confirmadas bacteriologicamente. A cultura no mesmo estudo isolou *Staphylococcus epidermedius, Staphylococcus intermedius, Staphylococcus aureus, Microccocus e Staphylococcus hyius sub spp hyius* como os micróbios dominantes. Foram isoladas bactérias pertencentes ao género *Staphylococcus*, com *Staphylococcus epidermedius* (38,4%), *Staphylococcus intermedius* (23,2%) e *Staphylococcus aureus* (13%) a dominarem a flora láctica (Argaw e Tolosa, 2008). Mekibib et al (2010) também relataram que *S. aureus* foi o isolado mais dominante (47,1%) em vacas leiteiras com mastite na cidade de Holeta. O mesmo estudo também identificou outros isolados bacterianos, como *estreptococos* (7,2%), *E. coli* (4,6%), *espécies de Micrococcus* (3,3%), *Klebsella pneumonae* (3,3%), *Enterobater aerogen* (1,3%), *espécies de Corynebacterium* (2,0%) e *Bacillus* (1,3%). Existem algumas provas de que *o Streptococcus agalactiae*, outro agente infecioso comum que causa mastite e que há muito é reconhecido como uma causa importante de mastite em vacas leiteiras, pode estar associado à infeção de recém-nascidos em seres humanos.

(Bisharat et al., 2004). Com uma prevalência tão elevada de mastite subclínica, a importância dos agentes zoonóticos para a saúde pública seria muito preocupante, uma vez que existe uma tendência para utilizar leite de vacas aparentemente saudáveis.

1.2. Principais doenças transmitidas pelo leite em relação a questões de qualidade do leite

A pasteurização é considerada um método eficaz para eliminar do leite os agentes patogénicos de origem alimentar e outras bactérias. No entanto, o número crescente de relatórios sobre a deteção de agentes patogénicos de origem láctea no leite líquido pasteurizado e nos produtos lácteos prontos a consumir torna claro que a pasteurização por si só não é a solução definitiva para o controlo dos agentes patogénicos de origem láctea (Fleming, 1985).

Além disso, o consumo de leite cru é considerado uma das principais causas de doenças transmitidas pelo leite. Embora a incidência real de doenças transmitidas pelo leite na Etiópia não seja conhecida, é fácil assumir que os agentes patogénicos transmitidos pelo leite podem ser um problema de saúde pública. Relatórios americanos mostram que o consumo de leite cru contaminado, leite mal pasteurizado ou produtos lácteos adulterados com leite cru contaminado está diretamente ligado a casos de doenças humanas transmitidas pelo leite (Evans et al., 1996; Fashley et al., 1995; Fleming et al., 1985). Por exemplo, uma elevada percentagem de infecções humanas causadas por *C. jejuni* foi causada pela ingestão de água não tratada, leite não pasteurizado e leite pasteurizado defeituoso contaminado com este agente patogénico de origem alimentar nos Estados Unidos (Evans et al., 1996; Fashey et al., 1995).

Apesar de numerosos estudos mostrarem que os agentes patogénicos de origem alimentar de importância para a saúde pública foram isolados do leite do tanque e podem causar doenças nos seres humanos, as pessoas continuam a consumir leite cru. Muitas famílias de agricultores consomem leite cru simplesmente porque é uma prática tradicional e porque é mais barato tirar leite do tanque do que comprar leite pasteurizado a retalho (Hegarty et al., 2002). Alguns acreditam que o leite cru tem um valor nutricional mais elevado do que o leite pasteurizado (Hegarty et al., 2002). Um estudo efectuado por Headrick et al (1997) mostrou que as pessoas com um baixo nível de educação eram mais propensas a consumir leite cru do que as pessoas com um nível de educação mais elevado, sugerindo que o nível de educação pode influenciar a decisão de consumir leite cru.

Rohrbach et al (1992) relataram que 68 de 195 (34,9%) produtores de leite no leste do Tennessee e sudoeste da Virgínia consumiram leite cru de tanques produzidos em suas fazendas. Dos tanques dos quais os produtores de leite consumiam leite cru, 25% (17 de 68) continham uma ou mais espécies de *L. monocytogenes*, *C. jejuni*, *Y. enterocolitica* e *Salmonella* (Rohrbach et al., 1992). Nas explorações em que os produtores não consumiam leite cru, 32% (40 em 127) dos recipientes de recolha de leite estavam contaminados com um ou mais dos agentes zoonóticos acima referidos e a qualidade dos recipientes de recolha de leite não era significativamente diferente da dos produtores de leite que declararam consumir leite cru do recipiente de recolha de leite (25%, 17 em 68). A prevalência do consumo de leite de tanque a granel contendo uma ou mais bactérias potencialmente patogénicas para os seres humanos foi de 8,7% para todos os produtores de leite no mesmo estudo. Na Etiópia, um estudo estimou que 68% do total de leite produzido é utilizado para consumo doméstico sob a forma de leite fresco, queijo, manteiga e iogurte (Felleke e Geda, 2001). Dada a cultura de consumo de leite cru que prevalece na Etiópia, o impacto das doenças zoonóticas transmitidas pelo leite seria imenso.

Nos sistemas de comercialização do leite, tanto rurais como urbanos, o risco para a saúde humana associado ao consumo de leite cru e fermentado pode constituir um grave risco para a saúde pública devido ao leite infetado com os agentes patogénicos da brucelose e da tuberculose. Um estudo transversal sobre a tuberculose bovina realizado por Ameni et al (2003) em 12 explorações leiteiras selecionadas aleatoriamente com 1171 bovinos, no qual foi realizado um teste comparativo de tuberculina intradérmica (TIC) e um exame bacteriológico por cultura de leite, revelou uma prevalência global de 46,8% em animais individuais e uma prevalência de 91,7% em efectivos. *O Mycobacterium bovis* foi isolado do leite de 13,3% das vacas do reator. A prevalência generalizada da tuberculose bovina nas explorações estudadas e o isolamento de *M. bovis* do leite das vacas do reator significam que, para além da sua importância económica, existe um risco potencial para a saúde pública. Na Etiópia, não existem atualmente regulamentos oficiais relativos ao estado sanitário do leite e dos produtos lácteos produzidos por explorações leiteiras de pequena escala, o que dificulta a abordagem dos problemas das doenças transmitidas pelo leite na comunidade (Yilma, 2010).

A Etiópia tem um grande potencial para o desenvolvimento da indústria leiteira, uma vez que possui o maior rebanho de África, com mais de 43 milhões de cabeças de gado.

(Ahmed et al., 2004). Só a capital, Adis Abeba, tem mais de 5.200 produtores de leite com mais de 58.000 cabeças de gado (Tegene et al., 2002). Recentemente, várias iniciativas foram tomadas no país para abordar aspectos da demanda do mercado e da produtividade. Esses esforços precisam ser complementados por questões de qualidade do leite, que são tão importantes quanto a melhoria da produção e da produtividade. Na última década, o sector leiteiro etíope desenvolveu-se muito rapidamente, embora tenha sido dada pouca atenção à importância da segurança alimentar entre os agricultores e os transformadores de leite. A fim de pôr em prática medidas adequadas para reduzir o impacto na saúde pública dos agentes patogénicos transmitidos pelo leite, é necessário dispor de informação básica e bem documentada sobre estes agentes. Entre os muitos mecanismos importantes para obter essa informação está a utilização de inquéritos da PAC.

Atualmente, há uma falta de dados sobre os conhecimentos, atitudes e práticas da nossa comunidade em relação às zoonoses de origem alimentar em geral e às doenças transmitidas pelo leite em particular. O objetivo deste estudo é, portanto, avaliar os conhecimentos, as atitudes, as práticas e a consciência pública dos membros da Cooperativa de Lacticínios *de Selale*, numa das zonas de produção de leite de Adis Abeba, a Zona Norte de Showa, *Selale*, no que diz respeito às zoonoses em geral, concentrando-se nas principais doenças transmitidas pelo leite.

Capítulo 1

Objectivos

Objetivo geral

- Avaliação da situação global das zoonoses transmitidas pelo leite e do seu impacto na saúde pública do ponto de vista das comunidades na área de estudo.

Objectivos específicos

- Análise dos conhecimentos, atitudes e práticas da comunidade em estudo relativamente às doenças transmitidas pelo leite
- Fornecer dados de base sobre os conhecimentos e o comportamento da população relativamente às zoonoses transmitidas pelo leite e ajudar a desenvolver programas de educação para a saúde na área de estudo.
- Utilizar a informação obtida neste estudo para discutir estudos futuros sobre a qualidade microbiana do leite e dos produtos lácteos e o seu impacto na saúde pública.

Capítulo 2 Materiais e métodos

Ambiente de estudo

O estudo foi efectuado na zona Norte de Showa, na região de Oromia. Esta zona é um dos locais de produção de leite que produz diariamente grandes quantidades de leite, que é transportado para Addis Abeba para ser transformado. A cooperativa de lacticínios *Selale* é uma grande cooperativa de lacticínios situada na cidade de *Chancho*, cerca de 40 km a norte de Adis Abeba. A federação inclui atualmente 6 distritos na área, com um número crescente de membros de 27 cooperativas leiteiras primárias e 30 centros de recolha de leite, com 1.700 membros activos num raio de 150 km ao longo da estrada principal. *Chancho, Debre-Tsegie, Degem, Golfu, Goroharo e Mulusoyo* foram escolhidos entre os 30 centros de recolha da união para este estudo. Os participantes das zonas urbanas e periurbanas neste estudo incluem pessoas que trabalham nos centros de recolha de leite e membros *da* cooperativa de produtores de leite Selale (pequenos agricultores).

1.3. Métodos de investigação

Este inquérito transversal sobre a PAC foi realizado entre maio e junho de 2011. Um questionário pré-testado de avaliação da PAC, composto por 12 perguntas sobre conhecimentos, 10 perguntas sobre atitudes e 11 perguntas sobre práticas, foi apresentado aos produtores de leite após a obtenção do consentimento informado dos inquiridos. O objetivo do questionário era recolher informações sobre as caraterísticas demográficas (idade, sexo, educação, profissão, rendimento, etc.), e sobre os conhecimentos, atitudes e práticas dos inquiridos relativamente aos principais agentes patogénicos de origem alimentar (com enfoque nas zoonoses transmitidas pelo leite), com especial referência à deterioração dos alimentos, armazenamento, agentes patogénicos e intoxicação alimentar.

1.4. Determinação da dimensão da amostra

A dimensão da amostra para este estudo foi calculada utilizando a fórmula de estimativa de proporção única com um IC de 95% e um erro marginal de 5%. O nível de conhecimentos sobre zoonoses (82%), determinado por um estudo realizado em *Arsi-Negelie*, na Etiópia, foi incluído como um componente na fórmula para calcular o tamanho da nossa amostra (Amenu, et al., 2010;).

$$n = \frac{\left(Z1-{}^{\alpha}/_{2}\right)^{2} p(1-p)}{d^{2}}$$

em que: n=tamanho da amostra

Zα/2=valor crítico =1,96 para IC95%

P= nível de conhecimento sobre doenças zoonóticas (82%)

d=desvio limite (precisão) =0,05

Assim, n= $(1,96)^2$ 0,82(1-0,82)/$0,05^2$ =226

Capítulo 3 Análise dos dados

Os dados recolhidos nos questionários e durante a discussão do grupo de discussão foram registados e analisados utilizando o SPSS versão 17. As relações entre os factores dependentes e os vários factores independentes foram examinadas através de testes x2. Um valor de P de 0,05 foi considerado estatisticamente significativo.

Variáveis do estudo

a. Variáveis dependentes

Conhecimentos: Foram colocadas 12 perguntas para avaliar os conhecimentos dos inquiridos. A pontuação total foi calculada somando as respostas a cada pergunta e dividindo-as em grupos, ou seja, <50% de respostas corretas para um nível baixo de conhecimentos, 50-75% de respostas corretas para um nível médio de conhecimentos e >75% de respostas corretas para um nível elevado de conhecimentos.

Atitude: Foram feitas 10 perguntas para avaliar a atitude dos inquiridos. A pontuação total foi determinada somando as respostas a cada pergunta e dividindo-as em grupos, ou seja, <50% de respostas corretas significava um nível baixo de atitude, 50-75% de respostas corretas significava um nível médio de atitude e >75% de respostas corretas significava um nível elevado de atitude.

Prática: Foram colocadas 11 perguntas para avaliar a prática dos inquiridos. A pontuação total foi calculada somando as respostas a cada pergunta e dividindo-as em grupos, ou seja, respostas corretas <50% representam um nível baixo de prática, 50-75% de respostas corretas representam um nível médio de prática e >75% de respostas corretas representam um nível elevado de prática.

b. Variáveis independentes

Antiga

Género

Percurso educativo

Profissão

Rendimento

Definição operacional

Conhecimentos: conhecimentos teóricos e práticos dos inquiridos sobre os agentes patogénicos das doenças transmitidas pelo leite, a sua transmissão e prevenção.

Atitudes: percepções e sentimentos dos inquiridos sobre as principais zoonoses em geral e os agentes patogénicos transmitidos pelo leite em particular; como são prevenidos, como são transmitidos e a sua importância na contaminação do leite.

Prática: a aplicação efectiva dos conhecimentos e atitudes existentes através das suas acções na produção e manipulação higiénica do leite e dos produtos lácteos.

Considerações éticas

Esta proposta de estudo foi aprovada pelo Comité de Investigação e Ética do ALIPB e recebeu autorização ética do Conselho de Revisão Institucional-ALIPB da Universidade de Adis Abeba. Foi também obtida a aprovação oficial do local do estudo e o consentimento informado (na língua local/amárico) dos inquiridos. O questionário continha uma explicação pormenorizada dos objectivos do inquérito e da confidencialidade das respostas obtidas.

Resultados esperados

Os resultados deste inquérito permitir-nos-ão tirar as seguintes conclusões importantes:

- Como dados de base sobre o conhecimento e o comportamento da população em relação às zoonoses transmitidas pelo leite, ajudam a desenvolver programas de educação sanitária para a população em geral e para os pequenos agricultores em particular na área de estudo, reduzindo assim o risco de saúde pública associado às zoonoses do leite.
- para ajudar a identificar as lacunas de formação e desenvolver um programa de formação sobre questões básicas de segurança alimentar nos centros de recolha de leite, destinado aos membros da cooperativa e às pessoas que trabalham nos centros de recolha.
- Este resultado pode servir de pano de fundo para outros estudos da PAC sobre outras doenças de origem alimentar na região, com a informação básica obtida a facilitar o desenvolvimento de estratégias e orientações veterinárias comuns e eficazes para controlar estes agentes zoonóticos.

Capítulo 4 Resultados e discussão

Secção sócio-demográfica

Dos 225 inquiridos, 142 (63,1%) eram homens e 83 (36,9%) eram mulheres, com uma média de idades de 37,96 anos, variando entre os 17 e os 85 anos (Quadro 1). O perfil educacional dos inquiridos está resumido na tabela 2. Os inquiridos referiram um rendimento médio de 1023,62 birr por mês, dos quais 126 (56%) eram agricultores, 22 (9,8%) funcionários públicos, 47 (20,9%) comerciantes e 30 (13,3%) de outros sectores (Quadro-2).

Quadro 1 Repartição por género dos inquiridos nas diferentes áreas estudadas

	sex		
Study sites	female	male	Total
Chancho	43	58	101
Golfu	3	8	11
Debre-Tsegie	8	25	33
Degem	7	18	25
Goroharo	17	26	43
Mulusoyo	5	7	12
Total	83	142	225

Quadro-2 Perfil educativo e profissional dos inquiridos

Education level	occupation				Total
	farmer	government employee	merchant	others	
uneducated	64	2	5	4	75
primary school	46	2	24	13	85
secondary school	15	10	18	12	55
degree/diploma	1	8	0	1	10
Total	126	22	47	30	225

Área de conhecimento

Quase todos (99,6%) os inquiridos sabiam que o leite é um elemento essencial da sua alimentação, pelo que podem ser considerados muito informados a este respeito. Quando questionados sobre se o consumo de leite de vaca cru poderia causar um problema de saúde grave, 214 (95,1%) dos inquiridos sabiam que o consumo de leite cru poderia causar um problema de saúde grave (quadro 3). Quando lhes foi pedido que indicassem uma doença que sabiam ser causada pelo consumo de leite de vaca, 143 (63,8%) souberam indicar pelo menos uma doença, enquanto 74 (32,9%) não sabiam e 7 (3,1%) pensavam que o consumo de leite de vaca não causava qualquer problema de saúde. 198 (88%) dos inquiridos estavam muito conscientes da utilidade da higiene das vacas na prevenção da contaminação do leite (quadro 6). 170 (75,5%) dos inquiridos indicaram que estavam conscientes de que comer requeijão cru (queijo cottage etíope, *ayib*) poderia potencialmente causar problemas de saúde graves (quadro 9).

Em termos de perceção da possibilidade de os seres humanos contraírem doenças animais, 216 (96%) dos inquiridos tinham um elevado nível de conhecimento (Quadro 12). Isto está de acordo com um relatório da Tanzânia, que concluiu que 92% dos pequenos produtores de leite inquiridos tinham a perceção de um risco potencial de zoonose (Swai et al., 2010). A capacidade dos inquiridos para identificar uma doença deste tipo está resumida no Quadro 13. Um bom nível de conhecimento foi encontrado para nomear doenças zoonóticas como antraz, tuberculose, salmonelose, raiva e tênia. No entanto, o conhecimento da brucelose como doença zoonótica é muito inferior. No que diz respeito ao conhecimento dos mecanismos de transmissão de zoonoses, os inquiridos puderam escolher entre várias opções (ordenha, limpeza do estábulo, abate do gado, preparação do couro, contacto com a carcaça, dormir no estábulo, andar descalço no kraal e ajudar a vaca a parir). 72 (32%) dos inquiridos citaram a ordenha como um possível modo de transmissão, enquanto 153 (68%) não o fizeram (tabela-15A). A limpeza do estábulo foi citada por 101 (44,9%) dos inquiridos como um meio de transmissão zoonótica (Tabela-15B). O nível de conhecimento sobre a possibilidade de contrair zoonoses durante o abate de animais e a preparação das suas peles foi baixo (tabelas-15C e D). Verificou-se um nível moderado de conhecimento sobre a possibilidade de contrair zoonoses através do contacto com carcaças de animais. Um baixo nível de conhecimento foi encontrado em relação à possibilidade de contrair doenças zoonóticas dormindo no pátio do gado e andando descalço no pátio do gado (Tabelas-15E & F). De todos os inquiridos que afirmaram conhecer um dos mecanismos de transmissão de zoonoses, apenas 35 (15,6%) indicaram que ajudar uma vaca a dar à luz poderia ser um desses mecanismos (tabela-15H). Este baixo nível de conhecimento expõe-nos muito provavelmente a um risco acrescido de contrair uma doença zoonótica como a brucelose, uma vez que é pouco provável que tomem as precauções adequadas ou usem vestuário de proteção quando assistem ao parto ou ao aborto de animais.

Quadro-3 Conhecimento dos riscos associados ao consumo de leite cru

Do you think drinking raw cow milk could cause serious health problems?	Frequency	Percent
yes	214	95.1
no	5	2.2
I don't know	6	2.7
Total	225	100.0

Tabela-4 Capacidade de nomear uma das zoonoses transmitidas pelo leite

What sort of milk borne diseases you know and think are quite dangerous? Can you name any?	Frequency	Percent
yes	143	63.6
no	7	3.1
I don't know	74	32.9
Total	224	99.6
no response	1	.4
Total	225	100.0

Tabela-5 Conhecimento dos agentes patogénicos das intoxicações alimentares

Do you know that food poisoning can be caused by pathogenic microbes?	Frequency	Percent
yes	200	88.9
no	5	2.2
I don't know	20	8.9
Total	225	100.0

Tabela-6 Conhecimento dos benefícios de manter a higiene das vacas para evitar a contaminação do leite.

Washing udder of cow with water and soap reduce milk contamination during milking. Do you know this?	Frequency	Percent
yes	198	88.0
no	11	4.9
I don't know	16	7.1
Total	225	100.0

Tabela-7 Conhecimento do papel das práticas não higiénicas no leite e na intoxicação alimentar

Do you think food handlers with unhygienic practice could be the source of microbial contamination of the food/milk/which causes food poisoning?	Frequency	Percent
yes	214	95.1
no	6	2.7
I don't know	5	2.2
Total	225	100.0

Quadro 8: Conhecimento do papel do frigorífico na prevenção da deterioração e envenenamento dos alimentos

Keeping food/milk at refrigerator temperature will slow down the microbial growth and multiplication, thus prevent food spoilage and food poisoning, do you know?	Frequency	Percent
yes	172	76.4
no	35	15.6
I don't know	18	8.0
Total	225	100.0

Quadro-9 Conhecimento dos riscos associados ao consumo de requeijão cru

Raw white cheese processed from raw milk has a high risk of food poisoning, do you know?	Frequency	Percent
yes	170	75.6
no	14	6.2
I don't know	41	18.2
Total	225	100.0

Quadro-10 Conhecimento do risco de intoxicação alimentar por leite cru

There is high risk of food poisoning from drinking raw milk	Frequency	Percent
yes	213	94.7
no	9	4.0
I don't know	3	1.3
Total	225	100.0

Quadro-11 Conhecimento do risco de intoxicação alimentar Leite cozido deixado em casa durante mais de 6 horas sem aquecimento suficiente

There is a high risk of food poisoning if we drink boiled milk left at home more than 6 hrs without sufficient heating	Frequency	Percent
yes	177	78.7
no	17	7.6
I don't know	31	13.8
Total	225	100.0

Quadro-12 Conhecimento da possibilidade de ser infetado por animais

Do you think some diseases can be transmitted from animals to you and your family	Frequency	Percent
yes	216	96.0
no	3	1.3
I don't know	6	2.7
Total	225	100.0

Quadro -13 Conhecimento de certas doenças zoonóticas

	Knowledge					
Response	Tb (%)	Typhoid (%)	Anthrax (%)	Brucellosis (%)	Rabies (%)	Tapeworms (%)
yes	134 (59.6%)	120 (53.3)	129 (57.3)	50(22.2)	141(62.7)	107(47.6)
No	91(40.4)	105(46.7)	96(42.7)	175 (77.8)	84(37.3)	118(52.4)
Total	225	225	225	225	225	225

Tabela-14 Conhecimentos sobre a transmissão de zoonoses

Do you know how any of the above diseases can transmit to humans?	Frequency	Percent
I don't know	32	14.2
I know	193	85.8
Total	225	100.0

Tabela-15A: Conhecimento sobre a transmissão de zoonoses através da ordenha

Milking	Frequency	Percent
no	153	68.0
yes	72	32.0
Total	225	100.0

Tabela-15B: Conhecimentos sobre a transmissão de zoonoses através da limpeza dos estábulos

Cleaning cattle barn	Frequency	Percent
no	124	55.1
yes	101	44.9
Total	225	100.0

Quadro-15C: Conhecimentos sobre a transmissão de doenças zoonóticas através do abate

slaughtering	Frequency	Percent
no	118	52.4
yes	107	47.6
Total	225	100.0

Quadro-15D: Conhecimentos sobre a transmissão de doenças zoonóticas através de preparações cutâneas

Preparing skin	Frequency	Percent
no	142	63.1
yes	83	36.9
Total	225	100.0

Quadro-15E: Conhecimentos sobre a transmissão de doenças zoonóticas através do contacto com animais mortos

Contact with carcass	Frequency	Percent
no	93	41.3
yes	132	58.7
Total	225	100.0

Quadro-15F: Conhecimentos sobre a transmissão de doenças zoonóticas ao dormir em estábulos

Sleeping in barn	Frequency	Percent
no	131	58.2
yes	94	41.8
Total	225	100.0

Quadro-15G: Conhecimentos sobre a transmissão de doenças zoonóticas por andar descalço em estábulos

Walking bare feet in barn	Frequency	Percent
no	121	53.8
yes	104	46.2
Total	225	100.0

Quadro-15H: Conhecimentos sobre a transmissão de doenças zoonóticas ao ajudar as vacas a dar à luz

Assisting with cow birth	Frequency	Percent
no	190	84.4
yes	35	15.6
Total	225	100.0

Secção de recrutamento

Dos 225 inquiridos, 217 (96,4%) concordaram com a afirmação de que é necessário lavar os úberes das vacas com água e sabão antes da ordenha para evitar a contaminação do leite com bactérias (tabela 16). Os inquiridos também estavam muito a favor (97,8%) da utilidade de lavar as mãos com água e sabão antes da ordenha (tabela 17). Isto pode dever-se aos esforços do governo no âmbito do seu programa de aconselhamento sanitário, atualmente em curso em praticamente todas as zonas rurais do país. No entanto, o facto de cada inquirido ser membro da cooperativa de produtores *de leite de Salale* e de o entrevistador ter abordado os inquiridos através de figuras importantes da cooperativa pode ter potencialmente um impacto nas respostas que obtivemos às duas perguntas acima, uma vez que os produtores de leite podem associar as suas respostas a questões de pagamento.

Quando se perguntou aos inquiridos se concordavam com a afirmação de que o leite cru é mais saudável e mais nutritivo do que o leite pasteurizado ou fervido, 148 (65,8%) concordaram e 48 (21,3%) discordaram (Tabela 18). Isto mostra que uma proporção considerável dos inquiridos tem uma opinião negativa sobre o leite pasteurizado ou fervido. Isto também se reflecte noutra pergunta sobre as atitudes em relação ao risco potencial do consumo de leite cru, que a maioria das pessoas considera seguro (leite cru diretamente após a ordenha). 110 (48,9%) dos inquiridos concordaram que é seguro beber leite cru imediatamente após a ordenha, 104 (46%) discordaram (tabela 19). Ao comparar as profissões, os agricultores tendem a ter uma atitude significativamente mais baixa ($p<0,05$) em relação ao risco de beber leite cru ser considerado seguro do que os funcionários públicos.

As atitudes em relação à recolha higiénica do leite e ao risco de doença pelo consumo de leite fervido mantido à temperatura ambiente durante um dia foram médias (tabelas 20 e 21). As atitudes são baixas (37,3) em relação à possibilidade de contaminação dos alimentos por pessoas clinicamente assintomáticas. Em relação ao risco de dar leite cru às crianças, 174 (77,3%) dos inquiridos tinham uma atitude elevada, enquanto 41 (18,2%) ainda achavam que não havia qualquer risco (tabela 24).

As atitudes em relação à possibilidade de contrair zoonoses a partir de gado/animais aparentemente saudáveis foram baixas (Quadro 25). Comparando os inquiridos sem escolaridade e os que frequentaram o ensino básico com os que frequentaram o ensino secundário ou superior, estes tendem a ter uma atitude mais baixa ($p<0,05$) face ao risco potencial de zoonose em bovinos/animais aparentemente saudáveis. O perfil de escolaridade também teve um impacto significativo nas atitudes dos inquiridos em relação à perceção de segurança do consumo de leite cru logo após a ordenha, com mais inquiridos com ensino superior a concordarem com a afirmação "*Não há risco de doença ao beber leite de vaca cru logo após a ordenha*" do que os que não tinham qualquer escolaridade e os que tinham o ensino primário ($p=0,000$). Uma tendência semelhante foi também observada no que respeita ao carácter prático de preferir o leite cru ao leite pasteurizado ou fervido.

Tabela-16 Atitudes em relação à utilidade de lavar o úbere da vaca com água e sabão antes da ordenha

Washing udder of cows with soap and water before preparing to milk is necessary to prevent milk contamination with bacteria.	Frequency	Percent
agree	217	96.4
disagree	2	.9
don't know	6	2.7
Total	225	100.0

Quadro 17: Atitudes relativas à utilidade de lavar as mãos com água e sabão antes de preparar o leite

Washing hands with soap and water prior to milking necessary to prevent milk contamination.	Frequency	Percent
agree	220	97.8
disagree	4	1.8
don't know	1	.4
Total	225	100.0

Quadro 18: Atitude em relação à questão de saber se o leite cru é mais saudável e mais nutritivo do que o leite pasteurizado ou cozinhado.

Raw milk is more healthy and nutritious than pasteurized or boiled milk.	Frequency	Percent
agree	148	65.8
disagree	48	21.3
don't know	29	12.9
Total	225	100.0

Tabela-19 Atitude em relação ao risco de consumir leite cru considerado seguro

There is no risk of disease from drinking raw cow milk right after milking	Frequency	Percent
agree	110	48.9
disagree	104	46.2
don't know	11	4.9
Total	225	100.0

Quadro 20: Atitudes em relação à recolha higiénica de leite

There is no risk of contamination if we do not wash milk vessel every time we put milk in it.	Frequency	Percent
agree	56	24.9
disagree	156	69.3
don't know	13	5.8
Total	225	100.0

Quadro 21: Atitude em relação ao risco associado ao consumo de leite fervido armazenado à temperatura ambiente

There is no risk of disease from drinking boiled milk kept at room temperature for one day if covered.	Frequency	Percent
agree	75	33.3
disagree	123	54.7
don't know	27	12.0
Total	225	100.0

Quadro 22: Atitudes em relação a problemas de higiene não visíveis no manuseamento de alimentos

Food handlers without clinical symptoms cannot contaminate food with pathogenic microbes which cause food poisoning.	Frequency	Percent
agree	126	56.0
disagree	84	37.3
don't know	15	6.7
Total	225	100.0

Quadro-23 Atitudes em relação a questões de higiene na preparação dos alimentos

Washing hands with soap and water prior to preparing food is necessary to prevent food poisoning.	Frequency	Percent
agree	185	82.2
disagree	33	14.7
don't know	7	3.1
Total	225	100.0

Quadro-24 Atitudes em relação ao risco de dar leite cru às crianças

There is no risk of diseases in giving raw milk to children	Frequency	Percent
agree	41	18.2
disagree	174	77.3
don't know	10	4.4
Total	225	100.0

Quadro 25: Atitudes face a problemas invisíveis relacionados com zoonoses

Only sick cattle/animals could be a threat to zoonotic diseases, so it ok if we don't care much so long as they are not sick	Frequency	Percent
agree	158	70.2
disagree	42	18.7
don't know	25	11.1
Total	225	100.0

Informações práticas

O inquérito revelou que lavar o úbere da vaca e o recipiente do leite com água e sabão antes da ordenha e decantar o leite para os recipientes é uma prática muito comum (tabelas 26 e 27). Resta saber até que ponto esta prática é credível, uma vez que os agricultores poderiam de alguma forma associar a sua resposta à rejeição dos seus produtos, embora tenhamos tentado explicar-lhes que este inquérito não tinha nada a ver com rejeições e problemas de pagamento dentro do sindicato. Também foi observado um alto nível de prática em relação à lavagem das mãos com água e sabão antes de ordenhar, comer, usar o banheiro e depois do contacto com os animais (tabelas 28-31). Quando perguntados se comiam requeijão cru produzido no local (a partir de leite cru), 169 (75,1%) disseram que sim, enquanto 56 (24,9%) disseram que não (Tabela 32). 104 (46,2%) dos inquiridos disseram que bebiam leite fervido deixado à temperatura ambiente por mais de seis horas sem ser suficientemente aquecido, enquanto 121 (53,8%) disseram que não (Tabela 33). Quando questionados sobre como faziam os adultos beberem leite, 119 (52,9%) disseram leite fervido, em comparação com 106 (47,1%) que disseram leite cru. A mesma pergunta foi feita às crianças: 166 (73,8%) disseram que lhes davam leite fervido, enquanto 59 (26,2%) preferiam dar-lhes leite cru (quadros 34 e 35). O estado dos conhecimentos sobre as questões acima referidas não parece ter amadurecido em relação à prática real relatada pelos próprios inquiridos.

Tabela 26: Prática de lavar o úbere da vaca com água e sabão antes da ordenha

Do you wash the udder of the cow with soap and water before milking?	Frequency	Percent
yes	210	93.3
no	15	6.7
Total	225	100.0

Quadro-27: Lavar a tetina com sabão e água quente antes de deitar o leite.

Do you wash milking vessel with soap and hot water before putting milk in it?	Frequency	Percent
yes	210	93.3
no	15	6.7
Total	225	100.0

Tabela-28 Lava as mãos com água e sabão antes da ordenha?

Do you wash your hands with soap and water prior to milking?	Frequency	Percent
yes	206	91.6
no	19	8.4
Total	225	100.0

Quadro-29 Praticar a lavagem das mãos com água e sabão antes de comer.

Do you wash your hands with soap and water before eating your meal?	Frequency	Percent
yes	211	93.8
no	14	6.2
Total	225	100.0

Quadro-30 Lavar as mãos com água e sabão depois de usar a casa de banho

Do you wash your hands with soap and water after using the toilet?	Frequency	Percent
yes	210	93.3
no	15	6.7
Total	225	100.0

Quadro-31 Lavagem das mãos com água e sabão quando em contacto com animais

Do you wash your hands after contact with animals?	Frequency	Percent
yes	206	91.6
no	19	8.4
Total	225	100.0

Quadro-32 Consumo de requeijão cru fabricado com leite não pasteurizado

Do you eat raw white cheese prepared from raw un-pasteurized milk?	Frequency	Percent
yes	169	75.1
no	56	24.9
Total	225	100.0

Quadro-33 Práticas para beber leite fervido que tenha sido deixado à temperatura ambiente durante mais de 6 horas sem ter sido suficientemente aquecido

Do you drink boiled milk left at room temperature for over 6 h without sufficient heating?	Frequency	Percent
yes	104	46.2
no	121	53.8
Total	225	100.0

Quadro-34 Consumo de leite entre os adultos.

How do you drink milk for yourself?	Frequency	Percent
pasteurized/boiled	119	52.9
raw	106	47.1
Total	225	100.0

Quadro-35 Consumo de leite pelas crianças.

How do you give milk to child/children?	Frequency	Percent
pasteurized/boiled	166	73.8
raw	59	26.2
Total	225	100.0

Capítulo 5

Conclusões e recomendações

A pesquisa mostrou que os membros da cooperativa de produtores de leite *Selale* têm um alto nível de conscientização sobre o risco de zoonoses transmitidas pelo leite. Parece haver um nível muito alto de consciência da utilidade da higiene do ordenhador e da vaca na prevenção da contaminação do leite. Isso também foi confirmado pelo alto nível de prática e atitude em relação às questões de higiene relatadas pelos próprios entrevistados. No entanto, o baixo nível de conhecimento de certos mecanismos de transmissão de doenças dos animais para os seres humanos, tais como ajudar as vacas a dar à luz, abater animais e preparar as suas peles, é uma questão que precisa de ser abordada através da sensibilização para os riscos potenciais das actividades acima mencionadas. O baixo nível de atitude em relação à possibilidade de contrair doenças zoonóticas a partir de bovinos/animais aparentemente saudáveis, o consumo de leite pasteurizado ou fervido e a possibilidade de contaminar o leite de pessoas clinicamente assintomáticas são também questões que precisam de ser abordadas com urgência. O resultado global deste inquérito pode ser alargado a toda a comunidade de produtores de leite na região da escala do leite. No entanto, o elevado nível de práticas de higiene relatado pelos próprios inquiridos precisa de ser verificado num outro estudo que envolva outros participantes para além dos membros da Associação de Produtores de *Leite de Selale*, de modo a obter uma imagem clara e imparcial do problema, para que os resultados reflictam os conhecimentos, atitudes e práticas reais da comunidade como um todo. Os programas de sensibilização e formação para os membros da Cooperativa de Produtores de Leite *de Selale*, em particular, e para a comunidade em geral sobre os mecanismos de transmissão de zoonoses transmitidas pelo leite podem apoiar os esforços de controlo de zoonoses e, assim, reduzir o risco para a saúde pública das zoonoses transmitidas pelo leite.

Referências

Ahmed, M., Ehui S. e Yemesrach, A. (2004). Everyday development in Ethiopia.
EPTD Discussion Paper No. 123 IFPRI, Washington.

Abera, M., Demie, B., Aragaw, K., Regassa, F., e Regassa, A. (2010). Isolamento e identificação de *Staphylococcus aureus* do leite de engorda de bovinos e seus padrões de resistência na cidade de Adama, Etiópia. *J. Vet. Med. Anim. Heal.* **2(3)** : 29-34

Angelillo, I.F., Foresta, M.R., Scozzafava, C., e Pavia, M. (2001). Os consumidores e as doenças de origem alimentar: conhecimentos, atitudes e comportamentos numa região de Itália. *Inter. J. Food Microbiol.* **64** : 161-166

Amenu, K. Thys, E. Regassa A. e Marcotty, T. (2010). Brucelose e tuberculose no distrito de Arsi-Negele, Etiópia: Prevalência em ruminantes e comportamento humano em relação às zoonoses. *Tropicultura*, **28(4):** 205-210

Argaw, K. e Tolosa, T. (2008). Prevalência de mastite subclínica em pequenas explorações leiteiras em Selale, Zona Norte de Shewa, Etiópia Central. *The Intern. J. Vet. Med.* **5** (1)**:** 72-75

Bisharat, N., Crook, D. W. M., Leigh, J. A., Harding, R. M., Ward, P. N., Coffey, T., Maiden, M. C., Peto, T. e Jones, N. (2004). *Os estreptococos* do grupo B neonatais hiperinvasivos são derivados de um ancestral bovino. *J. Clin. Microbiol.* **42(5) :** 2161-7

Coleman, P.G. (2002). Zoonotic diseases and their impact on the poor. *Em*: Perry, B.D., McDermott, J.J., Randolph, T.F. Sones, K.R. e Thornton, P.K. (2002). ***Investing in animal health research to reduce poverty***". Instituto Internacional de Investigação Pecuária (ILRI), Nairobi, Quénia.

Day, C. (2001). Gastrointestinal diseases in the domestic environment: what can we infer from surveillance data? *J. Infect.* **43(1):** 30-35

D'Amico, D.J., Groves, E., e Donnelly, C.W. (2008). Baixa ocorrência de patógenos de origem alimentar preocupantes no leite cru usado para fazer queijos de fazenda. *J Food Prot.* **71:**1580-1589

Evans, M. R., Roberts, R. J., Ribeiro, C. D., Gardner, D. e Kembrey, D. (1996). Um surto de Campylobacter transmitido pelo leite após uma visita a uma empresa educacional. *Epidemiol. Infect.* **117:**457-462

Fleming, D. W., Cochi, S. L. MacDonald, K. L. Brondum, J. Hayes, P. S. Plikaytis, B. D. Holmes, M. B. Audurier, A. Broome, C. V. et Reingold. A. L. (1985).

O leite pasteurizado como vetor de infeção durante uma epidemia de listeriose. *N. Engl. J. Med.* **312:**404-407

Fashey, T., Morgan, D. Gunneburg, C. Adak, G. K Majid, F. e Kaczmarski, E. (1995). A Surto de *Campylobacter jejuni* associado a falha na pasteurização do leite. *J. Infect.Dis.* **31(2):**137-43

Felleke, G. e Geda, G. (2001). Dairy sector development policy in Ethiopia: A draft policy document. Ministério da Agricultura/AFRDRD/AFRDT. Organização para a Alimentação e a Agricultura/ SSFF, Adis Abeba, Etiópia.

Girma, T. (2001). Prevalência de mastite na exploração leiteira da Universidade de Alemaya. *J. Ethiop.Vet. Asso.* **5:**17-21

Headrick, M. L., Timbo, B. Klontz, K. C. e Werner, S. B. (1997). Perfil dos consumidores de leite cru na Califórnia. Public Health Rep.**112:**418-22

Hegarty, H., O'Sullivan, M. B. Buckley, J. e Foley-Nolan, C. (2002). Consumo contínuo de leite cru nas explorações agrícolas: Porquê? *Commun. Dis. Publ.* Heal. **5:**151-56

Houser, B.A., Donaldson, S.C., Kehoe, S.I., Heinriches, A.J. et. Jayarao, B.M (2008) Um estudo da qualidade bacteriológica e da presença de salmonelas no colostro bovino cru. *Foodborne Pathog. Dis.* **5**:853-858

Klontz, K.C., Timbo, B., Fein, S., e Levy, A. (1995). Prevalência de comportamentos selecionados de consumo e preparação de alimentos nos Estados Unidos. *J. Food Protect.* **58:** 1405-1411

Lindberg, A. (1999). O risco de infecções de origem alimentar é simultaneamente reduzido e aumentado. A perícia é maior, mas também o é o risco de exposição. *Lakartidningen* (em alemão). **96(25)** : 30643066

Mederios, L., Hillers, V., Kendall, P., e Mason, A. (2001). Avaliação da educação do consumidor sobre segurança alimentar. *J.Nutri. Educ. Behavi.* **33(S1):** S27-S34

Merianos A. (2007). Vigilância e resposta ao aparecimento de doenças. *Curr. Top. Microbiol. immunol.* **315** : 477-509

Mekonnen H., Workineh, S., Bayleyegne, M., Moges, A., e Tadele, K. (2005). Antimicrobial susceptibility profiling of cow mastitis isolates in three large Ethiopian dairies. *Med. Vet.* **176(7):** 391-394

Mekibib, B., Furgasa, M., Abunna, F., Megersa, B. e Regassa, A. (2010). Gado

Mastite: prevalência, factores de risco e principais agentes patogénicos nas explorações leiteiras de Holeta

Cidade, Etiópia Central. *Cirurgião veterinário. World.* **3(9):**397-403

Murphy FA. (2008). Zoonoses emergentes: um desafio para a saúde pública e a defesa biológica. *Prev. Vet. Med.* **86:** 216-23

Patil, S.R., Cates, S., e Morales, R. (2005). Consumer food safety knowledge, practices, and demographic differences: results of a meta-analysis. *J. Food Protect.* **68(9):** 1884-1894

Redmond, E. C., e Griffith, C. J. (2002). Consumer food handling in the home: a review of food safety studies. *J. Food Protect.* **66(1):** 130-161

Rohrbach, B. W., Draughon, F. A. Davidson, P. M. e Oliver, S. P. (1992). Prevalência de *Listeria monocytogenes*, *Campylobacter jejuni*, *Yersinia enterocolitica* e *Salmonella* em leite de tanque a granel: factores de risco e risco de exposição humana. *J. Food Prot.* **55:**93-97

Sori H., Zerihun, A., e Abdicho, S. (2005). Mastitis in dairy cows in and around Sebeta, Ethiopia. *Intern. J. Appl. Vet. Med.* **3(4):** 1525-1530

Swai, E.S., Schooman, L., e Daborn, C.J. (2010). Conhecimentos e atitudes em relação às doenças zoonóticas entre os trabalhadores da saúde animal e os criadores de gado em Arusha e Tanga, Tanzânia. Tanzania Journal of Health Research, 12(4):

Tegegne, A., Sileshi, Z., Tadesse, M. e Alemayehu, M. (2002). Scoping study of urban and periurban livestock keeping practices in Addis Ababa. Parte I, revisão da literatura sobre gestão e comercialização de lacticínios - ILRI e EARO.

Woolhouse, M.E.J. & Gowtage-Sequeria, S. (2005). Espectro de hospedeiros e agentes patogénicos emergentes e reemergentes. *Emer. Infect. Dis.* **11:** 1842-1847

Wastling, J.M., Akanmori, B.D. e Williams, D.J.L. (1999) Zoonoses in West Africa: impact and control. *Parasitol. Today* **15:** 309-311

Wallenberg, G.J., Vanderpoel, H.M., e Vanior, J.T. (2002). Infeção viral e mastite em bovinos. *J. Vet. Micro.* **88:** 27-45

OMS (1999). Segurança alimentar: um importante desafio de saúde pública para o novo milénio.

OMS. (2007). Segurança alimentar e doenças de origem alimentar. <www.who.int/mediacentre/factsheets/fs237/en/http:// Fact Sheet No. 237. >.

OMS/FAO/OIE. (2004) ***Report of the Joint WHO/FAO/OIE Consultation on Emerging Zoonotic Diseases (Relatório da Consulta Conjunta OMS/FAO/OIE sobre Doenças Zoonóticas Emergentes***). 3-5 de maio de 2004, Genebra, Suíça. Organização das Nações Unidas para a Alimentação e a Agricultura (FAO), Organização Mundial de Saúde (OMS) e Organização Mundial da Saúde Animal (OIE).

Zelalem Yilma (2010). Quality factors influencing formal dairy trade in Ethiopia: Experiences from selected dairy potential areas Relatório final Netherlands Development Organization (**SNV**), Addis Ababa, Ethiopia.

Apêndice I: Questionário

Data

____

Código do sítio ________

Entrevistador _________

Questionário para o inquérito sobre as zoonoses dos produtos lácteos

I. Secção sócio-demográfica

1. Idade ____ Género___ (%)
2. Estado civil

□ Solteiro □ Casado □ Divorciado

Viúvo

□ outros ___________

3. Percurso educativo

□ Sem educação formal □ Ensino primário □ Ensino secundário

Titular de diploma/licença

3. Ocupação: □ Agricultor Funcionário público

Diversos ____________

4. Rendimento mensal______

Secção II PAC - Conhecimentos

1. Considera que o leite é um elemento essencial da sua alimentação? Sim ___ Não___DK___
2. Considera que o consumo de leite cru pode causar problemas de saúde graves? Sim___ Não NS___
3. De que doenças transmitidas pelo leite tem conhecimento e que considera serem muito perigosas? Consegue nomeá-las? algum deles?

___

DK___
4. Tem conhecimento de que as intoxicações alimentares podem ser causadas por micróbios patogénicos? Sim___Não___ NS___
5. Lavar o úbere de uma vaca com água e sabão reduz a contaminação do leite durante a ordenha. Conhece este procedimento? Sim _ Não DK
6. Considera que as pessoas que trabalham sem respeitar as regras de higiene podem ser a causa da contaminação microbiana dos alimentos/leite que conduz a uma intoxicação alimentar? Sim

Não __ DK___

7. Manter os alimentos/leite à temperatura do frigorífico atrasa o crescimento e a multiplicação dos microrganismos e evita a deterioração e a intoxicação alimentar, não acha?

   Sim___ Não___ NS___

8. O requeijão cru, feito a partir de leite cru, apresenta um risco elevado de intoxicação alimentar. Sim___ Não___DK___

9. O consumo de leite cru apresenta um risco elevado de intoxicação alimentar.

   Sim___

   Não___DK___

10. Existe um risco elevado de intoxicação alimentar se beber leite cozido que tenha sido deixado em casa durante mais de 6 horas sem ser suficientemente aquecido. Sim ___ Não ___ NS___

11. Pensa que certas doenças podem ser transmitidas a si e à sua família pelos animais? Sim___ Não___ NS___. Em caso afirmativo, assinale algumas:

   Tb___. Tifoide_____ Carbúnculo_____ Brucelose ________ Raiva

   Ténias_______ DK___

12. Como é que estas doenças são transmitidas?

   Ordenhar ___ Dormir no estábulo ___________________

   Limpar o estábulo________ Andar descalço no kraal ___

Abate de bovinos _________ Assistência ao parto de uma vaca

Preparar a pele ____

Contacto com a carcaça __

DK_______

Definição

1. Lavar o úbere da vaca com água e sabão antes da ordenha é necessário para evitar a contaminação do leite por bactérias. Concorda?

   Aceitar _______ Rejeitar________ DK _______

2. Antes da ordenha, as mãos devem ser lavadas com água e sabão para evitar a contaminação do leite.

   Concorda? Concordo _________ Não concordo ___ NS_________

3. O leite cru é mais saudável e mais nutritivo do que o leite pasteurizado ou cozinhado. Concorda?

   Aceitar _______ Rejeitar ________ DK ________

4. O consumo de leite de vaca cru logo após a ordenha não apresenta qualquer risco de doença. Concorda?

   Aceitar _______ Rejeitar ________ DK ________

5. Não há risco de contaminação se não lavarmos o recipiente do leite de cada vez que o deitarmos. Concordas com isto? Concordo _________ Não

concordo ________________________ NÃO CONCORDO

6. Beber leite fervido, mantido tapado durante um dia à temperatura ambiente, não representa qualquer risco de doença. Concorda com esta afirmação? Concordo ____________________________________ Não concordo ____________________________________ DK _______

7. Os manipuladores de alimentos que não apresentam sintomas clínicos não podem contaminar os alimentos com micróbios patogénicos que causam intoxicação alimentar. Concorda com esta afirmação? Concordo Não concordo _____ NÃO CONCORDO

8. Para evitar uma intoxicação alimentar, deve lavar as mãos com água e sabão antes de preparar os alimentos. Concordas com isto? Concordo ____________________________________ Não concordo ____________________________________ DK _______

9. Não existe qualquer risco de doença ao distribuir leite cru às crianças. Concorda?

Aceitar ______ Rejeitar ________ DK _______

10. Só os bovinos/animais doentes podem constituir uma ameaça para as zoonoses, pelo que é normal que não nos preocupemos muito com eles, desde que não estejam doentes. Concorda com isto? Concordo

Sem acordo_____ DINAMARCA

Prática médica

1. Lavou a vaca com a mesma quantidade de água antes de a ordenhar? sim___não___.

2. Tinha uma mão cheia de água na mão antes da ordenha? sim___não___.

3. Lavou a tetina com sabão e água quente antes de colocar o leite?

   Sim___Não ___

4. Lavou as mãos com a mesma quantidade de água antes de comer a sua refeição? sim___.

   Não___

5. Lava as mãos com água e sabão depois de usar a casa de banho? Sim___

   Não___

6. Lavou as mãos depois de entrar em contacto com os animais? sim___não___.

7. Consome requeijão cru, feito de leite cru não pasteurizado? Sim___

   Não___
8. Bebe leite fervido que tenha sido deixado à temperatura ambiente durante

mais de 6 horas sem ter sido suficientemente aquecido?

Sim___ Não___ Não

9. Como é que dá leite ao(s) seu(s) filho(s)? pasteurizado/cozido_______

cru

outros ___

10. Como é que bebe leite? pasteurizado/cozido ____________________

cru

outros ___

Anexo II: Declaração de consentimento

በአዲስ አበባ ዩኒቨርሲቲ አክሊሉ ለማ ፓቶባዮሎጂ መካነ ¼ናት የምርምርና የ¼ናት መ○ይቅ መግለÁና የተሳትፎ ጉዳይ

ይህ የምርምር ስራ በወተት ¼ራትና ወተት ወለድ በሽታዎች ዙሪያ መ○ይቅን ያካተተ ሲሆን የ^ርሶ የተሳትፎ ሚና የ¼ናቱንና የመ○ይቁን ዓላማ ተረድተዉ ፈቃደƒከሆኑ ለ¼ያቄዎች መልስ መስ○ት ብቻ ነዉ። ምርምሩ በወተት ¼ራትና ^ንዲሁም በወተትና በተዋÓቹ ላይ የሚገ,፤ በሽታ አምÀ ተዋህስያን ላይ ያተኮረ ሲሆን ፡- የዚህ ምርምር ዋና ዐላማ የ^ነዚህ በሽታ አምÀ ተዋህሲያን በወተትና በተዋÓቹ ላይ በመገ,ት ምክንያት በወተት ¼ራት ላይና በህብረተሰቡ ላይ ሊከሰት የሚችለዉን የ○ና ጉዳት ላይ ህብረተሰቡ ያለዉን ግንዛቤ የማ¼ናትና የመከላከያ መፍትሄ መፈለግ ላይ ያተኮረ ነዉ። በዚህ ¼ናትና ምርምር ላይም በመሳተፍዎ በ^ርሶ ላይ የሚደርስ ምንም ዓይነት ጉዳት ^ንደሌለ ^ያረጋገ¼ን የሚሰ○ዑት መረጃ ከተ○ቀሰዉ የ¼ናቱ ዐላማ ዉÀ ¼ቅም ላይ የማይዉል ^ና የሚሰ○ዑት መረጃም ምስ¼ርነቱ ሙሉ በሙሉ የተ○በቀ መሆኑን ^ንገልÑለን።

የዚህ ምርምር ዋና ዐላማ በወተት ¼ራት፤ በወተት ወለድ በሽታዎች ላይና በህብረተሰቡ ላይ ሊከሰት የሚችለዉን የ○ና ጉዳት ህብረተሰቡ ያለዉን ግንዛቤ ማ¼ናትና የመከላከያ መፍትሄ መፈለግ ላይ ያተኮረ በመሆኑና በሚገ,ዉ ዉ○ትም ^ርሶም ሆኑ ህብረተሰቡ ተ○ቃሚ የሚሆኑ መሆኑን ተገንዝበዉ ፈቃደƒ ከሆኑ ብቻ በ¼ናቱ ላይ መሳተፍ የሚችሉና በፈለጉት ጊዜም ተሳትፎዎን ማĸረ¼ መብትዎ መሆኑን ሊያዉቁት ይገባል። ለሚደረግልን ትብብር ሁሉ በቅድሚያ ከልብ እናመሰግናለን።

ስለሆነም በዚህ ምርምር ዋና ዐላማ ዙሪያ ላይ የተሰ○ዉን መግለÁ በዉል አዉቄና ተረድቼ ለሚቀርቡ ¼ያቄዎችም መልስ ለመስ○ት ፈቅጄ በዚህ ምርምር ላይ ለመሳተፍ የመረ¼ኩ መሆኔን በፊርማዬ አረጋግ»ለሁ።

ስም______________________________

ፊርማ______________________________

MIX
Papier aus verantwortungsvollen Quellen
Paper from responsible sources
FSC® C105338

Printed by Books on Demand GmbH, Norderstedt / Germany